给孩子的物理三书

原来物理

盖尔
——著

PHYSICS

可以这样学

物理世界的漫游

团结出版社

图书在版编目（CIP）数据

物理世界的漫游 / (德) 奥托·威利·盖尔著；

顾均正译. -- 北京：团结出版社，2020.6

（给孩子的物理三书）

ISBN 978-7-5126-7944-3

Ⅰ.①物… Ⅱ.①奥… ②顾… Ⅲ.①物理学—青少

年读物 Ⅳ.①O4-49

中国版本图书馆CIP数据核字(2020)第096604号

出版：团结出版社

　（北京市东城区东皇城根南街84号 邮编：100006）

电话：（010）65228880 65244790（传真）

网址：http://www.tjpress.com

Email：zb65244790@vip.163.com

经销：全国新华书店

印刷：三河市腾飞印务有限公司

开本：170×230　1/16

印张：38.5

字数：500千字

版次：2020年8月 第1版

印次：2021年12月 第3次印刷

书号：978-7-5126-7944-3

定价：99.00元（全三册）

总 序

General sequence

庄子说:"判天地之美,析万物之理。"

阿基米德说:"给我一个支点,可以撬起整个地球。"

拉塞福说:"所有的科学不是物理学,就是集邮。"

爱因斯坦说:"从物理学出发思考一切。"

物理学是一门迷人的学问。

物理学家为我们打开了奇妙的世界之门,现代科技无一不是在物理学的基础上发展起来的。没有物理学,我们现在还处于蛮荒时代,可以说物理学是现代文明最重要的基石。

很多物理学家往往在青少年时期就表现出了对物理世界的极度好奇,并展开探索。这其中,优秀的物理科普读物起到了巨大的作用。

诺贝尔奖获得者杨振宁教授多次在演讲中介绍,他在中学时期读到的一本书——《神秘的宇宙》,打开了他认识物理世界的大门。

1979年诺贝尔物理学奖得主、美国物理学家史蒂文·温伯格说:"对我而言,当我刚刚进入青春期时,正是受到伽莫夫和金斯的书籍的鼓舞,才对物理产生了浓厚的兴趣。"

对于青少年来说，无论课里课外，多了解一些物理知识都是十分有益且必要的。物理学可以让我们对生活中最基本的现象进行分析、理解和判断。比如生活中最普通的物质——水，它结冰时的温度是0℃，沸腾时的温度是100℃。它在吸管中为什么会随着我们的吸力上升？为什么在烧热的油锅中滴入水会产生剧烈的爆鸣？为什么热水在保温瓶中可以长时间地保温……如果你学了物理学就会对水的这些现象做出科学的解释。当然，生活中不止水，一切物质现象都蕴含着深奥的物理知识。

为了激发孩子们学习物理的兴趣，我们特别编辑了这套《给孩子的物理三书》。这套丛书一共包含三本通俗、有趣的物理科普读物，分别是俄国科普作家雅科夫·伊西达洛维奇·别莱利曼的《趣味物理学》、德国科普作家奥托·威利·盖尔(Otto Willi Gail)的《物理世界的漫游》、民国科普作家徐天游的《物理学初步》。

《趣味物理学》是一本妙趣横生、引人入胜的科普读物。书中不仅有物理学领域的大量知识，还有让人着迷的各种物理学相关故事，故事内容或来源于日常生活中的常见事件，或取材于著名的科幻作品，如儒勒·凡尔纳、威尔斯、马克·吐温及其他一些经典作品，以此来引起读者对物理学的兴趣，开拓读者的视野，同时加深读者对物理学重要理论的认知。这本书的作者雅科夫·伊西达洛维奇·别莱利曼是俄国著名的科普作家，他一生致力于教学和科学写作，创办了俄罗斯第一份科普杂志《在大自然的实验室里》。他从17岁开始发表作品，一生共完成了105本著作，这些著作大部分都是科普读物，其中《趣味物理学》从1916年至1986年已再版22次。1942年，别莱利曼在列宁格勒去世。别莱利曼去世以后，人们为了纪念这位人类的科普大师，以他的名字命名了一座月球上的环形山。

《物理世界的漫游》是一本告诉你如何重新观察世界的科普读物。书中罗列了许多几乎令人无法相信的物理问题，比如要冷却一杯水应该把冰放在杯子上面，正在飞行的苍蝇有多重，以及一吨铁比一吨木头轻五磅……作者先引起读者的好奇心，然后使他们心甘情愿地跟着思考，去用他们的心。这本书的作者奥托·威利·盖尔是德国科学记者、科普作家，毕业于德国慕尼黑工业大学的电气工程和物理学专业。他曾在报社和广播电台工作，写过关于物理学、天文学和太空旅行的非小说类书籍，还写过科幻小说。他与德国太空探索先驱者马克思·瓦里尔（Max Valier）、赫尔曼·奥伯特（Hermann Oberth）关系甚密，因此，使得他能够在自己的作品中融入独特而详尽的专业知识。

《物理学初步》是一本全面涵盖物理基础知识的科普读物。这本书用大量的图片与简练的文字相结合，围绕物理学的基础知识点和现象深入剖析力学、热学、声学、光学、电学等。当然，作者也巧妙地将物理学知识联系到日常生活中来，使读者对已掌握的知识做到活学活用。这本书的作者徐天游是民国时期学者、科普作家，代表作有《物理学初步》《平面三角问题解法研究》《数学发达史》《珠算捷径》等，这些作品在当时均产生了广泛的影响。

虽然这三本书的作者来自不同的国家，但是书中的内容都巧妙地将生活中许多常见的现象和物理学知识联系到一起，不仅可以让青少年认识到世界的奇妙，还能启发青少年对物理世界的探索，点燃青少年学习物理的兴趣。此外，这套书中还归纳总结了物理学中所涉及的知识点，使读者对于物理学的关键知识点一目了然，对于初中生学习物理也能起到课外辅导的作用。

物理学是人类的希望之光，每一次技术革命都是在物理学的发展下推动的。我们希望这套《给孩子的物理三书》能让更多的孩子爱上物理学，伴随着物理学的不断发展，为我们揭开宇宙的神秘面纱！

物理学是一种科学。

如果你喜欢科学，就必须能够清清楚楚地思考。

这本书所要求读者的是：他应该愿意而且能够用他的心。

前　言

　　这是一本不寻常的书，虽然讲的是一些寻常的事。

　　无论哪本物理学教科书，它只告诉我们：什么是对流，什么是作用和反作用定律，以及什么是阿基米德原理……却不告诉我们：要冷却一杯水应该把冰放在杯子上面，正在飞行的苍蝇有多重，以及一吨铁真的比一吨木头轻五磅……所以我说，这是一本不寻常的书，虽然讲的是一些寻常的事。

　　作者写本书的目的，已在卷首表述得很清楚了。他说"物理学是一种科学。如果你喜欢科学，就必须能够清清楚楚地思考"。又说，"这本书所要求读者的是：他应该愿意而且能够用他的心"。因此，作者在本书中罗列了许多几乎使人无法相信的问题，先引起读者的好奇心，然后使他们心甘情愿地跟着思考，去用他们的心。

　　作者建议喜欢科学的人着重思考，是有他独特的见解的。一般人常说，"科学首重实验"。殊不知实验固然重要，但思考更重要。任何科学发明都以思考为前驱，实验只是权衡思考的一种尺度。如果没有思考，实验还有什么用处？虽然我们学习科学不能和科学家的发明相提并论，但要学习一个定律、一个原理，而能触类旁通，应用这定律、这原理去解决日常生活中所碰到的自然现象，仍必须依赖思考不可。所以凡是读过几本物理学书而觉得不能运用书本上的知识的人，我推荐他去读一读这本薄薄的《物理世界的漫游》。

　　《物理世界的漫游》(*Romping Through Physics*) 为德国火箭推进车发明者盖尔(Otto Willi Gail)所著。本书是根据一九三三年英国人哈特菲尔德(H. Stafford Hatfield)的英译本翻译而来。译文的前几段曾刊载于《中学生杂志》，还有一二段曾略加修饰，以"越想越糊涂"为题刊载于《太白》半月刊。

一九三四年十一月一日译者志

目 录

加热液体的方法

　　一个女仆要热一些水，就把水壶放在了火上。她把水壶放在火上而不放在火的旁边，是很合理的，因为这样可以使热源得到充分的利用。凡是热的东西，大都比同样的东西在冷的时候轻，所以能向上升。空气被火加热，就上升而包围在水壶的四周，像温暖的衣服一样。同样，水壶底下的水先受热，然后向上升。而较冷的水就向下流到水壶的底边，然后再受热上升。这样循环不已，直至全壶的水沸腾为止。

热空气

　　所以，如果我们要热一种液体，那火或其他热源就应该放在液体的底下。一般的电热器往往把生热装置放在底下，就是这个缘故。如果一个电热器的生热装置放在旁边，那决不是好的式样，因为它所消耗的电流太多了。

在使用所谓的"热水机"的时候，把热水机没得越深，热起来的速度就越快（见下图）。

不是这样

是这样

使液体冷却的方法

　　上面所说的种种都是十分明白的事情，令人诧异的是一般人要冷却（并不是加热）一种液体的时候往往注意不到这个简单的定律。

　　例如，你要冷却一杯茶，往往把它放在冰上。

　　你把它放在冷源的上面，正像把水壶放在热源的上面一样。这是完全错误的。因为在冷却液体的时候，液体的流动方向恰好和加热的时候相反。凡是冷的液体都向下流，并不向上升。茶杯里的茶总逃不出这个定律。当茶杯放在冰的上面的时候，最下层的茶已被充分冷却，但是要等上层的液体也完全冷却，却需要很长时间。因为被冰冷却了的空气向下流，而新鲜的温暖空气却继续从各个方向流过杯边，所以杯子的大部分不能冷却。如果你要用最少的冰得到最大的冷却效力，就必须按照下图（2）的方法去做。你必须把冰放在杯子的上面，如果杯子没有盖，你可以在上面放一个金属的盘子。按照这种方法，冷却的速度足以令你吃惊。因为顶端的一层液体先被冷却，冷却后能够变重，所以向下沉。于是较下一层的液体也立刻被冷却而向下沉，这样杯中的全部液体就很快冷却了。被冰冷却的空气也下沉而流入杯子的四周。

（1）

（2）

Chapter 3

热而不沸

　　这样看来，一个物理学家对于家用的物品，也可以引起研究的兴趣。这里我要说一说另一个关于厨房中的问题。

　　我们的客人来得太晚了，要想使事先预备好的茶保持适当的温度，不至于逐渐变凉，该怎么办呢？把它放在茶壶屯里，固然可以，不过这不能使它热得长久；把它放在炉子上，它会沸腾起来，损害了茶的味道。在这样的情形之下，一个有经验的女仆会把茶壶放在"水浴"中，所谓"水浴"就是将盛满水的锅放在火上。假如她照下图的样子小心地放茶壶，使它不与锅底接触，她就能把这件事办得十分妥当，使茶壶保持适当的温度。即使锅中的水剧烈地沸腾，壶内的茶也永远不会沸腾起来。

　　这是什么原因呢？原来要使一种液体沸腾，不是把它加热到沸点就行，还得继续加入更多的热。这额外的热并不是使液体的温度上升，只是使液体变成水蒸气。锅中的水从柴、煤气或电流得到热，当它煮沸的时候，温度暂止于沸点，决不能热到一百摄氏度或两百一十二华氏度以上。[1]

　　热渐渐从锅中的水里传到茶壶里，直到茶的温度和水的温度相等。自此之后，热即停止传入茶壶，因为热只能流动于温度不同的两个物体之间，而且只能从较热的地方流到较冷的地方。茶的沸点在一百摄氏度以上，所以它不能沸腾，只因为它得不到额外的热使它沸腾起来。

　　现在我们明白为什么茶壶不应该和锅底相接触了。在茶壶不和锅底相接触的时候，茶壶只能接受四周的水所传来的热，因为水不能升到沸点（即一百摄氏度）以上，所以茶不会沸腾；在茶壶和锅底相接触的时候，锅底的热能直接传入茶壶，所以茶能沸腾起来。

――――――――――――
1.在英美及我们中国，往往自找麻烦，用两种截然不同的温度表来测量温度。一种是很简单的，为科学家所常用，叫作摄氏温度表或百度表。在这个温度表上，冰在零度融化，水在一百度沸腾。另一种是旧式的、不便利的，叫作华氏温度表。在这个温度表上，冰在三十二度融化，水在两百一十二度沸腾。这个温度表常为工程师、医生及气象学家所应用。华氏温度表的度数只及摄氏温度表的九分之五。

　　但是我们很容易和女仆开个玩笑，只要我们在锅里撒一把食盐，就可以将这件事情完全改变。与淡水相比，盐水有较高的沸点，所以温度能升到一百摄氏度以上。照这样，那热能继续传至茶壶，使茶的温度达到沸点。这正如茶壶和锅底相接触而使它沸腾起来一样。

Chapter 4

沸而不热

　　然而我告诉你们这个把戏，并不是真要你们去和女仆开玩笑，我的意思只是表明我们能够用煮沸的盐水来做一个有趣的、奇异的实验罢了。此外，我还要告诉你们，我们能够用雪或冰来煮水，这话听起来好像难以置信，但实际上却是千真万确的。

　　让我们在用作"水浴"的锅里放一个盛水的瓶子，我们已经知道瓶子中的水会热起来，却不会沸腾起来。但是如果把瓶子直立在锅底，再往锅中的水里撒一把食盐，那么不久之后，锅中的水和瓶子中的水就都会沸腾了。然后我们从锅中取出瓶子，倒去一半的水，马上用瓶塞塞住，静静地横放在桌上，瓶中的水就会停止沸腾。

现在我们再用一把雪或压碎的冰放在瓶子的上面，试想瓶子里的水会发生怎样的变化呢？它会立刻再沸腾起来，而且会继续沸腾。

这件事看起来好像非常奇怪，雪能够在片刻之间在不放食盐的"水浴"中煮沸数小时尚不能完成的工作。这的确是一个难解的谜——尤其是那瓶子已不是很热，而我们却能够清楚地看见瓶子中的水在沸腾。

理由是这样的。当我们把瓶塞塞进去的时候，瓶子里只有热水和水蒸气，所有的空气几乎都被水蒸气逐尽。水蒸气是不喜欢冷的，现在瓶边已冷却，它就凝缩而成为小水滴。（雨的形成原因也是如此，但这是另外一件事，此处不便详说。）瓶中大部分水蒸气凝缩消失以后，水面上的空间既没有水蒸气，也没有空气，差不多是真空的样子。所以，水面上没有通常的大气压力，只有一小部分水蒸气的压力，这便是瓶中的水再沸腾的原因。因为水面的压力越低，水的沸点也越低。虽然瓶中的水已经很冷了，然而它的温度在较低的压力下，却依旧能沸腾起来。

如果瓶子极薄，经过突然冷却后，会碎裂。当水蒸气的凝缩使瓶子内的压力减至极低时，瓶外空气的压力可以将它压碎。所以，在做这个实验时，最好用一个圆的瓶子，不要用一个扁的或方的瓶子，因为圆形的东西能够承受较大的压力。

Chapter 5

空气的压力与海拔

空气压力的影响，还可以用另一个方法来证明。用一个洋铁罐子（像装汽油或装臭药水的洋铁罐子）来代替玻璃瓶，在洋铁罐中煮少许水，等水蒸气从罐口大量喷出时，即将罐口用螺旋盖旋紧，不使它透气。然后用冷水灌注罐顶，罐子即被大气的压力压扁，好像用铁锤击扁的一样。

利用这个事实——气压越低，水沸腾的温度也越低——我们可以用寻常的温度表来测量海拔（即离海平面的高度）。离地面越高，空气的压力（即大气压力）越低。如果你看下面的三个表，就可以看出气压表（用以测量大气压力）中水银柱的高度和水的沸点因海拔的不同而异。

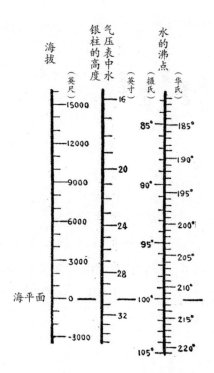

要测量海拔的高度，你只要在那里煮沸一些水而测量它沸腾的温度，然后看上面的表而找出与这个温度相当的海拔。

普通人认为沸水一定有极高的温度，那是错误的，例如，在阿尔卑斯山的布郎克峰顶上，水在八十四摄氏度就沸腾。所以，在那边测候所里的人员不能泡一杯好茶或咖啡来喝，因为他不能使水达到相当的热度。在火星上，空气非常稀薄，只有两英寸[1]半水银柱高的压力，水只要略微受热就会沸腾。又如我们将一杯水放在抽气筒的玻璃罩里，若抽出空气，我们竟可以使水在寻常温度时就沸腾起来。

另一方面，在深的矿坑中，空气压力比在地面上大不少，所以在这下面，沸水的温度较高。大概每下坑穴一千英尺[2]，沸点即升高一摄氏度。

1.1英寸=2.54厘米

2.1英尺=0.00018939393939394英里=12英寸=30.48厘米=0.3048米=0.333333333333333333码

矿工要在矿穴中煮一个柔嫩的鸡蛋，必须十分小心，因为煮沸的时间略久，鸡蛋就会变得太硬。

Chapter 6

辨别生鸡蛋与熟鸡蛋

　　说起鸡蛋，如果你把生鸡蛋和熟鸡蛋放在一起，怎么能够将它们分辨出来呢？怎么能够指出哪一个是熟鸡蛋，哪一个是生鸡蛋呢？通常把鸡蛋放在亮光里一照，略能透光的，就是生鸡蛋。但是这个方法并不可靠，因为新孵出来的鸡蛋也是不能透光的。要想解决这个问题，我们就不得不略微应用一点儿物理学知识了。

　　你可以用旋转的方法来辨别哪一个是生鸡蛋，哪一个是熟鸡蛋。试验时把鸡蛋放在桌上，用食指和拇指像旋转陀螺一样旋转鸡蛋。这样，你立刻就能得到你想要的答案了。生鸡蛋一旋就停，很难继续旋转；但是熟鸡蛋，尤其是一个煮得很老的鸡蛋，要使它旋转却非常容易、非常快速，看上去像一个圆盘一样，而且能够持续旋转很长时间。

　　理由是这样的：一个熟鸡蛋全部成为固体，所以它的各部分都能旋转。但是在生鸡蛋中都是液体，因为惰性的关系，不能随着蛋壳旋转，就

像机器中的制动器一样，所以旋转的生鸡蛋即刻停止转动。

　　我们可以用一个鸡蛋，掏空鸡蛋中的液体，单用它的壳来做一个有趣的实验：急速旋转那蛋壳，等蛋壳旋转了一会儿之后，它能够自动直立起来，支着一点而旋转。

Chapter 7

陀螺为什么不跌倒?

当鸡蛋支着一点旋转时为什么不会跌倒呢? 这是因为它和陀螺的作用一样。那么, 陀螺为什么不会跌倒呢?

我们在小时候大都玩过陀螺, 可是很少有人能够正确回答这个问题。一个陀螺支着一点直立, 或虽倾斜欲倒, 然而实际上却还能久久地直立着, 这确实是一件奇事。是哪种力量使它保持这种不自然的位置呢? 地球对于一切有重量的物体都有向下吸引的力量, 即所谓的"重力"。当陀螺旋转的时候, 这种重力是否失去了效用呢?

关于陀螺的原理并不是十分简单, 现在我们避去各种繁杂、讨厌的说明, 单把陀螺为什么不会跌倒的主要原因略加解释。

如下图所示, 这个陀螺在沿着箭头的方向旋转, A点是向着你过来的。如果你从右方推陀螺的柄, B点就被推而向上, A点就被推而向下。

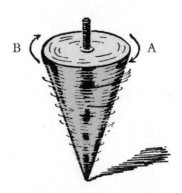

现在让我们就A点的运动来说一说。在A点，除了它自己的运动E以外，又加上了被推而起的向下运动S。这两种运动联合起来，就成了运动R。

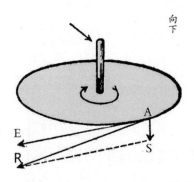

但是陀螺自己的运动E是非常巨大的，所以比稍微倾斜的运动S的速度快了不少——也许比图中力线所表示的更大。我们所得到的合成运动比原来的运动E相差极少，所以陀螺旋转并没有什么显著的变化。由此，我们可以知道陀螺为什么不会跌倒的原因了。陀螺越重，旋转越快，阻力越大，即使受较大的推力也不会跌倒。

Chapter 8

旋转体的特性

　　这个同样的解释，还可以说明许多我们日常生活中常见的事物。例如，小孩子滚铁环就莫明其妙地利用了旋转体所具有的这种特性——就是反抗旋转轴起任何方向的变化。

　　抖空竹的把戏也应用了同样的原理。抖空竹时，先用绳使空竹急速地旋转，然后抛到空中。当空竹在空中旋转的时候，它的旋转轴的方向始终不变，所以不难用张紧的绳子再去接住它。如果抖空竹的时候不先使空竹急速地旋转，那么，即使极灵敏的玩艺人也不能再接住它了。

　　如果你要抛一顶帽子使它恰好戴在别人的头上，你就不能将帽子竖直抛过去。因为这顶帽子在抛的时候会在空中打转儿，不能恰好套在别人的头上。如果当帽子抛出去的时候，你急速地旋转帽子，那么它在空中就能始终保持原来的位置，使别人容易接住。

这种急速旋转物体的方法，为一切玩艺人所常用。他们知道了旋转体的特性——在反抗任何位置的改变。枪膛内部之所以被做成螺旋形也是同样的原因，这样子弹从枪膛中射出时能急速地旋转，使子弹在空中飞射的时候不致改变方向，从而准确地射在目标物上。

用水桶试验离心力

在这里，我们不要忘记旋转水桶的实验，这实验是很有趣的。如果你把水桶用绳子吊住，然后急速地旋转起来，即使水桶被打翻，桶中的水也一滴都不会流出来。

这是什么缘故呢？那就是离心力的作用。所谓离心力，就是说，依靠这种神秘的力，能使物体远离旋转的中心，向外飞去。不过实际上并不是真有这样的力，这样一种倾向仅由于惰性。一切物体都是有惰性的，它们在静止的时候不喜欢被人扰动；在运动的时候，又反抗改变方向或速度。它们要按照原来的方向向前运动。这种一切物体所同具的性质叫作"运动量"。这在我们日常生活中就叫势头，譬如：一辆车子或一个人在急行中势头极大，要想使他们停止运动，就必须用巨大的力量来阻止它的势头。所以，运动量（也就是势头）便是由于惰性所产生的结果。

如果我们要用惰性来说明水桶的实验，首先就要问：如果在桶边开一个洞，桶中的水将从哪个方向流出去呢？如果没有地心引力吸引水向下，桶中的水一定会从圆弧的切线方向竖直飞出去。但是因为受了地心引力的影响，那水的方向就略微向下，而沿着抛物线P的方向飞出去。如果速度很大，那么这条抛物线就一直在水桶旋转的圆圈外面。

　　所以，这条抛物线就表示：水桶中的水不会按照水旋转的方向流出去。由此我们可以知道，桶中的水不会径直向地面垂直落下，也决不会从桶中逃出去。只有在使桶口向前旋转时，桶中的水才会流出来。

　　水桶旋转的速度究竟要多快，水才不会流出来，这是可以设法计算出来的：大概是每秒钟转一次半。在这个速度下，从桶中飞出的水恰好在水桶旋转的圆圈外面，所以水不会流出来。这样的速度是极容易达到的。所以，这个实验差不多常常成功。

脚踏车绕圈急行会发生什么情况？

　　离心力常常被人误解，所以我们接下来再讲离心力。水压迫桶底的力，或桶作用于绳子的力，我们常常叫它离心力。然而这种力并不是原因，只是一种自然而然的结果。水受力的作用，不得不违反自然的惰性，而随水桶同绕于一个圆周之上，但因惰性的反抗，就产生一种好像想要远离中心而去的离心力。由此可见，这种力不过是水的惰性所展现出来的一种惹人注目的形式罢了。

　　例如，在圆中骑脚踏车的人，他正在骑行过转弯的地方。他骑行的速度，结果变成一种离心力S，要远离他骑行的圆周的中心而去。这离心力S与他自己的重量G（这重量直接向下作用）合并起来，就成为一种作用于赛跑圈的压力D。这种压力是偏向外方的，所以这赛跑圈必须倾斜，有一定的压力或直角，这样在骑行的时候就不致滑溜了。赛跑圈的这种倾斜叫作偏侧（Banking）。

下面这张图是要使我们明白那个在物理学上常见的名词——"力的平行四边形"的意义。如果有两种力作用于一个物体上（好像这张图中的G和Z），它们的合力就是一个简单的力。要求出合力，只须将原来二力的大小和方向，各用一条直线表示出来，然后再画两条直线，使它成为一个平行四边形。这个平行四边形的对角线就代表这合力的大小和方向了。

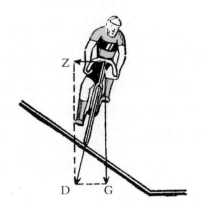

赛跑圈的坡道只能适用于一种特别的速度。如果一个骑脚踏车的人的骑行速度比这个速度慢，那么它的离心力较小，合成的压力D不再和赛跑圈的表面成直角，我们立刻就可以看见他渐渐侧向里边，于是就产生一种向内滑倒的趋势。

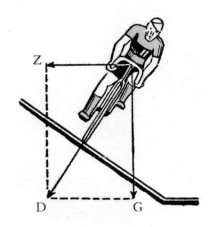

　　反过来说，如果骑脚踏车的人的骑行速度比坡道所估计的速度快一些，那么这坡道的倾斜度就不能和骑脚踏车的人的速度相适应，他一定会向外滑倒。和他在平地上骑行一样，不过在程度上没有那么厉害罢了。

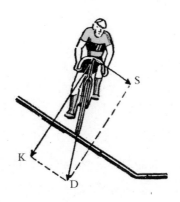

　　因此，汽车的赛道越到旁边，筑得越陡峭。在这样一条道路上，对于任何速度都没有限制。车子行驶得快了，就可以走向道路的外边，因为那里倾斜得厉害一些，所以开车的人常常可以找到一条不致滑倒的路。

　　如果道路弯曲得很厉害，而车行驶的速度又非常快，那么所产生的离心力就变得非常巨大，能反抗车身的重量。在这样的情形之下，那车子简直可以安全地在垂直的墙壁上骑行。

　　让人感到奇怪的是，这面墙壁在骑行的人看来，差不多和在平地上骑行一样，因为他觉得自己的重量作用的方向就是合成的压力D的方向。在他看来，无论自己的实际位置如何，凡是自己的重量所作用的方向，便是与水平面垂直的方向。

Chapter 11

人站在旋转的物体上情况如何

　　要亲身体验这种奇迹，在西洋有一种比较安全的游戏器具，叫作"逍遥轮"。所谓逍遥轮，就是一种转台，像极了铁路上用来旋转火车头的圆台。不过它们转动得很快，快到站在上面的人都会被离心力甩出去。当你坐在这种转台上时，离心力使你意识到自己的惰性。当你闭上眼睛，直立在那旋转的转台上时，你将完全忘记自己直立在一个平面上，你觉得那转台是倾斜的，你的向外跌倒是由于这转台的倾斜。

　　这个现象也可以用力的平行四边形来表示，和骑行脚踏车的情形一样。

　　我们现在想象那转台的边是向上倾斜的。这边使由于离心力向外跌倒的人可以有所依附，那么他就能毫无困难地直立在这斜边上。

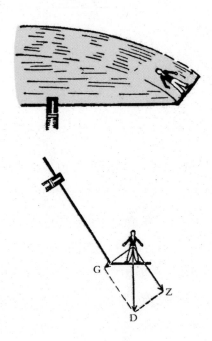

实际的情形如下图所示：我们可以直立在转台的斜边上，却觉得和站在平地上一样。

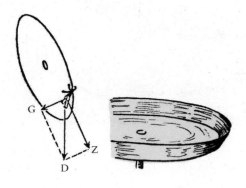

Chapter 12

一个转动的魔杯

　　我们曾经想象这转台是平的，而有一圈倾斜的边。当人坐在转台上时，先沿平面溜向外方，直到碰到了那转台的边，就可以直立在这边上。那么，我们能不能把这转台做成一个很特别的形状，使人站在台上的任何地方都觉得自己所站的地方总是一个平面呢？

　　是的，这样一种形状是可能的，这形状很像酒杯，数学家管它叫作"抛物线体"。因为它是由抛物线绕中心轴旋转时所产生的一种曲面。

　　要做成这样一个面是很容易的。在一个酒杯中盛半杯融化的蜡，把它放在留声机的转盘的中心。

　　开动留声机，就可以看见杯中的蜡汁从中部向杯底下沉，而四周的蜡汁向杯边上升。

让那酒杯继续转着，直至杯中的蜡汁因冷却而凝固成固体，然后取下酒杯，就成为我们所要的抛物线体的表面了。这种抛物线体即使在数学上也是准确的。

现在再把那酒杯放在留声机的转盘上，用和以前一样的速度，使它转动，并在杯子里放一个钢球。你就可以看见那钢珠能够静止在杯子内壁的任何地方，既不会滚下来，也不会滚上去。这是因为抛物线体表面上的任何一点，重力和离心力所成的合力的方向，常常与杯中的蜡的表面成直角。所以，杯中的钢珠没有改变它的位置。如果钢珠是一个活的东西，它一定会觉得这表面上的任何一点都和平面一样。

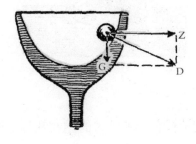

Chapter 13

一间转动的魔室

　　从前有一个美国人，为了娱乐和研究，曾经有过一个大规模的设计，去体验钢珠在有融蜡的酒杯中的情形。他造了一间巨大的球形房子，把地板铺成标准的抛物线体的形状，使进去的人能体验到只有在梦里才有的感觉。

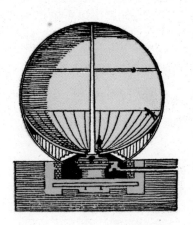

　　这球形的房子的地板有一个巨大的抛物线体的面，正像我们上面提到的融蜡的表面一样。那墙壁是透明的，在室内的人丝毫不会觉得那房子在转动，所以不会头昏。这屋子每次只准进去两个人。通电后，那个大球旋转起来，达到一定的速度以后，在室内的人，无论站在球的中心（那里本来是平的），或站在球的旁边（那里是倾斜的），总觉得他们脚底下的地板是平的。

明明眼睛看见那地板是弯曲的，但是肌肉的感觉却反对这种意见，这两种意识相互矛盾着。室内的每个人看见他的同伴像苍蝇一样在陡峭的墙壁上行走。

如果将水倾倒在球内的地板上，那么水就均匀地分布在地板上，形成薄薄的一层。所以，室内的人可以看见一种曲面，这是在任何地方都看不到的。无论他们站在球内的哪一点上，总觉得自己是直立着的，别人是斜立着的。所以，只有从球的一边走到另一边，才能感觉到全屋子都在他们的脚底下旋转，像一个肥皂泡一样。

在这魔球里，关于惰性和重力等一切通常的观念全都被打破了，而那由于惰性所产生的离心力使你觉得好像住在童话世界里一样。

Chapter 14

植物也会上当

　　不但人类，就是植物也要受到这样的欺骗。诸位都知道初生的植物总是向上生长的。换句话说，它们的茎总是向着反抗重力的方向生长的。假使把一盆种着一粒种子的瓦盆放在一个急速旋转的轮子的圈上，不使它停止，而让那小植物生长起来，那么我们就可以看见一件奇怪的事情：植物的根都背着轮子的中心长出来，而植物的茎却向着轮子的中心抽出来。

　　植物就这样被欺骗了。那离心力原是用来产生假重力的，植物不知道底细，却真的把它当作了重力，于是就闹了笑话。这种欺骗植物的实验，英国植物学家奈特（Knight）在百年前就做过了。

Chapter 15

天旋地转

　　我们上面所说的在魔球中产生的几种感觉，也可以从一架飞得很快的飞机在盘旋的时候得到同样的经验。

　　飞机在空中盘旋的时候，实际位置如下图所示。它"侧飞"（Banks）——那就是说，它的翅膀略微倾侧，正像一辆车子以相同的速度绕同样的圈子时，也得在坡道上倾斜，以适应那特别的速度。

　　但是坐在飞机中的人却一点儿也留意不到这种位置的改变，他看见地面突然陡峭地倾斜起来，显得非常奇怪。

Chapter 16

飞机抛炸弹的路径

坐在飞机中的人还有一种信念,认为如果他从飞机里抛出一个皮球来,那皮球一定会从地球旁边擦过,而落到无限的空间中去。如果他真正做起这个实验来,一定会吃惊不已:因为这皮球并不会沿着他所想象的方向落下去,而是弯向地球的表面。

一个物体从飞机上落下来到底经过了怎样的路线呢?

据说有一个诗人很喜欢飞行,并且善于利用飞机来做广告。每当他飞过一个大城市的时候,常常从飞机里抛下一束鲜花,花上附一张贺卡给拾到这束花的人。但是他时常觉得要从急速行驶的飞机里抛下一束花,使它落在一处适当的地方,实在是一件很不容易的事情。假使他要使一束花落在城市的大街上,而把它对准了抛下去,那么结果一定会落在大街的后面。

假使你在飞机里望着那落下的物体,一定会觉得虽然它在向着地面落下去,一路上却还跟着飞机前进,直至落到地面为止。实际上,虽然物体还落后一小段路程,但这是由于空气的抵抗。如果没有空气的抵抗,它一定会落在飞机的正下方,好像用线从飞机里笔直地吊下来一样。

　　这理由又是惰性。当花束在飞机里的时候，当然是跟着飞机沿水平方向前进。等它掉下来的时候，虽然立刻和飞机分离，却没有理由使它停止水平方向的运动。这运动像以前一样进行着，联合落下的运动（这运动越落越快）成为一条曲线，即所谓的"抛物线"。如果没有空气的抵抗，那么抛物线就是花束所经过的路程。

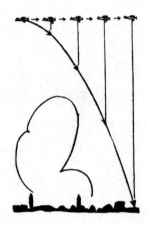

但是空气的抵抗使抛物线有了某种程度的变形，使它更峻峭，这峻峭的曲线就是花束实际经过的路线。

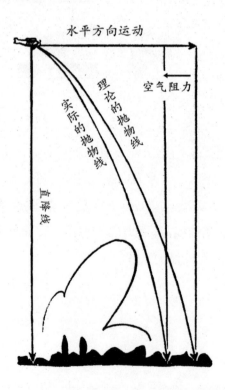

事实上，花束的行进路线恰好和一枚炮弹从山崖上往水平方向射出的一样。炮弹沿着一条曲线前进，最后才落到地面上。但是炮弹的速度比飞机快得多，所以经过的路程也长得多。炮弹和花束落下的速度是一样的。既然它们以相同的速度落下，当然也在相同的时间内着地。但是在落下的时候，炮弹沿水平方向所走的路，要多一些。

各种物体对于空气的抵抗所产生的影响，并不是一样的。根据物体的重量对于表面积的大小比例而论。物体越轻，空气的抵抗越大。例如，一张纸从飞机里落下来，要比花束落后得多。一个石子从飞机里落下来，会跟着飞机前进，落后得很少。

由此可知，如果那位诗人要把他的花束落在市镇的中央，那么他就应该在飞机没有飞过市镇的时候将花束抛下去。事实上，如果飞机飞得很高，那么就要在离市镇很远前就将花束抛下去。那个距离是至关重要的。如果一架飞机在一处三千英尺高的地方飞行，速度为每小时六十英里[1]，那么这花束应该在离目的地大约一千两百英尺的地方就抛下去。

1.1英里=5280英尺=63360英寸=1609.344米=1760码=1.609344千米=1.609344公里

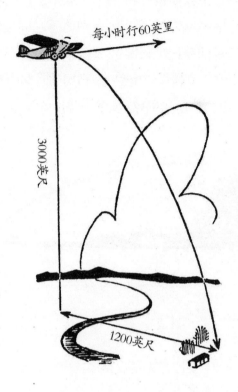

每小时行60英里

3000英尺

1200英尺

　　由此可见，一个飞机中的掷弹员要对准一定的目标掷下一枚炸弹，委实不是一件容易的事情，一定要兼顾一定的条件，即飞机的速度、空气对于炸弹的抵抗和风的影响。如果没有风，炸弹就沿着通常的路线F落下。如果风从飞机的后方吹来，那么飞机飞得快些，而炸弹也前进得快些，结果炸弹就沿V线落下，超过F线以外。

　　如果吹的是向前来的风，那么炸弹差不多和垂直落下来的一样，它的行进路线像图中的Z。但是天空中的风向往往随高度而不同，就是高处的风和低处的风成反方向的也有。如果碰到了这样的情形，那么炸弹落下来的路线就非常复杂，差不多没有方法来计算了。所以，当第二次世界大战的时候，我们总还有一些逃命的机会。

　　请诸位记好，我们上面所说的，只就飞机对空气的速度是始终不变的而言，并不是飞机对空间的速度。我们想象在某种情况下，飞机正在逆风飞行，这风的速度和飞机的速度相等，那么这飞机一定会停留在天空中的一定地点，而那炸弹简直和垂直落下来的一样，就像图中的S。风当然会使炸弹落下的路线略微弯向后边，但是这种情形并不常常遇到。当飞机遇到每小时行八十英里的飓风时，在可能的范围内，总要停下来躲避的。

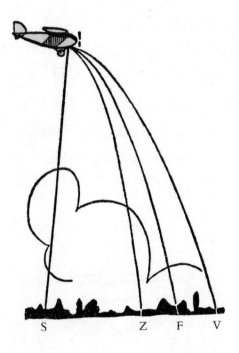

Chapter 17

落下物体的重量是多少?

现在我们又要来讨论一个问题,这问题若不细想,好像没有什么意思,即炸弹为什么会落到地球上来呢?也许你会说,这当然是由于地球吸引炸弹,而这吸引力使炸弹具有了重量。

但是你要注意物体具有重量这个事实。炸弹真有重量吗?固然,当炸弹悬挂在飞机上时,它是有重量的。但当它正在掉下来的时候,它有没有重量呢?简单地说,落体的重量是怎样的呢?

在未回答这个问题之前,让我们来做一个实验。

在天平的一个托盘里放一把铁钳,铁钳的一只脚用线缚住悬挂在天平的臂上。在另一个托盘里放一些砝码,使之与铁钳平衡。然后我们用一根火柴把线烧断,使铁钳的脚突然合拢。

当铁钳的脚落下去的时候，天平会发生怎样的变化呢？那是很容易猜到的。放砝码的托盘沉下去，放铁钳的托盘升起来。因为当铁钳的一只脚正在落下去的时候，它的重量突然减轻了。这是为什么呢？因为铁钳的脚在落下去的时候是没有重量的。

再举一个例证。如果你把一磅[1]的重物放在一架弹簧秤上，指针正好指一磅，这证明弹簧秤和重物已成平衡状态。

如果你把弹簧秤拿在手里，突然快速向下移动，那么当这个运动进行的时候，弹簧秤的指针就会向"0"的位置退回很长一段距离。如果我们移得距离适当，一方面使它像自由落下的一样，一方面在移动时注视那指针，那么你就会发现，这重物在落下的时候，对于弹簧秤毫无影响，那指针正指着"0"。

1.一磅等于453.592 37克。

　　这并不是一个错觉，因为落体是没有重量的。我们所谓的"重量"，就是一个物体对于支撑着它的任何物体的压力。或者，如果那物体是悬挂着的，就是物体对于绳索或链子或任何吊住它的物体的拉力。但是当一个物体自由落下的时候，就没有支撑着它或吊住它的物体可以表示出它的压力或拉力，所以没有重量。当重物放在天平的托盘上的时候，虽然重物落下了，但天平也以相同的速度落下，所以也没有重量。

　　动力学的首倡者伽利略在十六世纪就曾说过这样的话："我们阻止肩头的重物落到地下，所以觉得重。但是如果我们以和重物相同的速度向下运动，它怎么能够压迫我们呢？这正如我们要用一杆枪来刺一个背着我们逃去而跑得和我们一样快的人。"

Chapter 18

变成轻骨头了

凡是乘过电梯的人都经历过电梯开始下降时那种特别不舒服的感觉，好像一个人从峻峭的山崖上掉下来一样，往往使神经敏感的人觉得非常难受。

这就是人失去了重量的不自然的感觉。当电梯最初下降的时候，或者说，当电梯的地板最初从我们的脚底下落下去的时候，人体的下落速度不及电梯的速度，无法压迫地板。所以，这时候人体没有重量。即使有，也是很少的。但是这感觉并不长久，因为人体像一切自由落下的物体一样，越落越快，他立刻追上了电梯，再压迫地板，同时就恢复了他的适当的重量。

假使电梯并不以一定的速度下降，却像落体一样越落越快（就是每落下一秒，速度增加三十二英尺），那么这没有重量的感觉就将持续下去。而电梯中的乘客会像没有重量的天使一样在这电梯里自由行动，不受限制，可以躺在半空中，也可以立在墙壁上。

但是当那加速度一旦停止，电梯又恢复平稳时（无论那时候它落下得多快），那些"天使"会立刻掉到地板上来，恢复他们原来的重量。[1]

1.在犹尔斯·威伦所著的《月球旅行记》和威尔斯所著的《月球中的第一人》中都曾描写过远离地心引力的旅行者失去重量的情形。

Chapter 19

我们的体重究竟有多少?

原来，我们身体的重量并不是一成不变的，会根据我们的运动而定，这个事实很容易用一架寻常的磅秤来证明。当我们站在一架磅秤上时，一定要安静地站着，它才能显示出一个准确的重量。如果我们将身体向下蹲，那么当我们正开始动的时候，那重量必定要减轻一些。但是当我们停止这向下的运动时，我们不但恢复了原来的重量，而且在刹那间，那磅秤指出的重量比准确的重量多一些。这是什么缘故呢?

使人体的上半身弯向下方的肌肉，同时也拉着下半身，这样就减少了人体对于磅秤的压力。当人体的下降运动被阻止时，肌肉必起反抗，而使上下半身互相分离。肌肉的这个动作压迫下半身向下，使与支撑下半身的物体，即磅秤上的平台相接触，因此这时候平台受到了较大的压力。

现在如果我们再直立起来，所有的变化完全相反。在一架极灵敏的磅秤上，就是举一臂、伸一足的影响也能看得出来。

所以，我们只需用我们的肌肉就可随意改变磅秤上的重量，也就是改变支撑我们的物体的压力。由此可见，当我们从高处跳下来时，在没有着地之前，我们是没有重量的。

Chapter 20

一只正在飞的苍蝇有多重?

从上面的理论中, 我们很容易回答那个老问题:

"正在飞的苍蝇有多重?"试想一只苍蝇被关在天平上的一个玻璃容器里, 假使这只苍蝇停在这个玻璃容器的底部, 它的重量是0.011克。那么, 当它在容器中沿水平方向飞行时, 它的重量一定还是0.011克。因为它用全部的重量压迫空气, 而这压力又被空气传到容器的底部。只要那天平够灵敏, 一定会显示出这样的事实。

如果这苍蝇向下飞, 它一定会变得轻一点儿。这事实的发生一定是显而易见的。如果它笔直地落下去, 那么一定完全没有重量, 正像一个自由落下的物体一样。如果它向上飞，它的重量一定会增加，因为除了它本身的重量以外，还得加上翅膀对于空气的压力。

Chapter 21

我敲桌子，桌子也敲我

产生以上这种现象的原因，完全是根据牛顿发现的著名的"牛顿第三运动定律"。这定律就是作用和反作用定律，具体内容是：作用和反作用是相等而相反的。例如，我们用拳头击桌子，桌面压迫我们拳头的力量和我们的拳头击桌子的力量是相等而相反的。

我们用力推一辆载重的车子，足以证明作用和反作用定律。车子把我们推回来的力正和我们推它的力一样，我们要抵抗这种压力就得将脚跟立定。如果地面极光滑，除非我们能够找到一些支撑脚跟或身体的东西，否则我们就推不动车子。

地球也落在苹果上吗？

那么，地心引力对于这些有什么关系呢？

一个苹果从树上掉下来，是因为地球吸引它的缘故。但是假使地球吸引苹果，作用和反作用定律可以显现出来，那么这苹果一定用同样的力来吸引地球。这种推想是没有错的。这正像苹果与地球之间有一根张紧的橡皮带连接着，橡皮带的一端拉住苹果，另一端拉住地球。

所以，严格地说，苹果并不是落到地球上来的，是地球和苹果互相落在一起的。但是，这两个物体落下的速率却不同，两者间相互的吸引力是一样的。但是苹果受到这样的力后，就使它的速度每秒增加三十二英尺。

而地球受到同样的力，却只能使它产生一个极小的速度，这样微小的速度与苹果的速度相比，正如地球的质量与苹果的质量相比一样。

苹果的质量当然比地球小无数倍。苹果使地球所起的运动，小到我们简直可以称它为零。所以，事实上我们不能说苹果和地球是相互落在一起的，我们只能接受通常的观念——只有苹果落了下来。

如果吸引地球的不是苹果，而是一个大小足以和地球相比拟的巨大天体，那么作用和反作用定律就可以显现出来了。例如，如果有月亮那样重的一个物体落向地球上来，那么地球也立刻会落向那个物体上去，在第一秒钟后就可得到每秒四英寸的速度。

万有引力如何计算?

重力定律——就是物体间的相互吸引——并不仅仅适用于行星、月亮和太阳,对于其他一切物体也没有例外。有人往往怀疑:虽然这种重力作用能使太阳移动,使全世界运动不息,然而在日常生活中我们为什么一点儿也看不出来呢?我们当然知道而且能够看见地球吸引一切物体,但是谁看见过两个苹果或两个人或两艘船相互吸引呢?我们为什么看不出这种物体间的重力作用呢?是不是它们之间没有重力作用?

不,它们之间是有重力作用的。两个可看作质点的物体之间的万有引力,可以用以下公式计算:

$$F = \frac{G \cdot m_1 \cdot m_2}{r^2}$$

即万有引力等于引力常量乘以两物体质量的乘积除以它们距离的平方。其中G代表引力常量,其值约为$6.67 \times 10^{-11} \mathrm{N} \cdot \mathrm{m}^2 / \mathrm{kg}^2$,为英国物理学家、化学家亨利·卡文迪许通过扭秤实验测得。

Chapter 24

地球与月球互相吸引的力有多少？

如果我们用上述公式去计算地球与月球之间的吸引力，那么答数就是20, 000, 000, 000, 000, 000吨。[1]这个巨大的吸引力约等于1, 000, 000, 000, 000艘战舰的重量。这个巨大的力使月亮沿着椭圆形的轨道运行，而不向切线方向逃到无边无际的天空中去。如果我们用一种可见的实体的物质来代替这不可见的维系，必须要用一根直径三百七十英里的钢棒将月亮和地球连接起来。同样地，如果我们用一根钢棒代替太阳和地球之间的吸引力，就必须用一根直径五千六百二十英里——正好是地球直径的四分之三的钢棒才能抵挡这个力。

1.地球的质量约为$6.0×10^{24}$千克，月球的质量约为$7.3×10^{22}$千克，月球的轨道半径距地球的距离约为$3.8×10^5$千米。

20,000,000,000,000,000,000 тонб

Chapter 25

地球上两物体互相吸引的力有多大?

如果我们回过头来环视地球上的物体,那就找不到这样巨大的数字了。虽然我们四周的东西相互间的距离比天体间的距离小得多,但是因为它们的重量微小,所以吸引力也就跟着小了。

例如,有两个苹果并排悬挂着,它们之间的距离是四英寸,那么按照公式计算,它们之间的吸引力就只有一粒沙的重量的十万分之一。像这样微小的吸引力非但不会产生显著的影响,简直连使一根纱线弯曲的力量都没有呢!

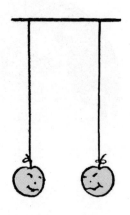

　　两个相距一码[1]的人之间的吸引力比两个苹果间的吸引力大五千倍，然而要用这个力推动地面上的一个人，总嫌太小。当然，如果两个人失去重量飘浮在天空中，四周没有摩擦，没有阻力，那么无论他们是否感受得到，都会慢慢向对方靠近，最终碰到一起。但是因为人总是站着、躺着或坐在一种支撑物上，所以总要受到四十磅左右的摩擦力。这个吸引力当然是不能胜过这个摩擦力的。所以，我们不能感受到这普遍的重力，即万有引力的存在，是不足为奇的。

　　但是天空中的情形就完全不同了。太阳、星星、行星或月亮，都具有巨大的质量，并且那里没有什么东西，如空气之类来阻止它们的运动，所以重力作用能够显出巨大的影响。

　　就两艘战舰来说，每艘战舰重两万五千吨，相距一英里，但它们之间的吸引力非常小。

1.英美制长度单位，通常换算方式为1码=0.9144米（英式），实际1码=0.9144018288米（美国调查式）。

　　假使两艘战舰相距极近，譬如十码，那么它们的吸引力就很可观，大约有一百磅以上。一百磅的重量当然不算少，但是它还不能胜过水的抵抗力，而把这两艘巨大的战舰牵引在一起。

　　有时候我们觉得两艘船在水中并行时，常有互相接近的趋势，但是这另有其因。因为重力太微弱了，所以把两艘船牵引在一起的并不是重力。这是两船之间的流水所造成的逆流，而且这种情形只有船在水中急行时才能碰到。如果它们并排停在静水中，这种吸引力就看不出来了。

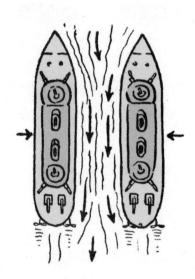

　　然而普通物体间的重力作用的影响，也很容易用一种仪器来测知。如果把一个铅球放在一架极灵敏的天平上，用精准的砝码使它平衡，再用一大车铅棒停在正对铅球的下面，我们就可以看见那铅球的重量已略微增加。最奇怪的是近代有一种"重力天平"，此天平是用以探矿的。凡是地底下埋藏着矿物质的地方，在那里的重力就大一些。[1]

1.重力探矿法始于欧战前。其法用重力天平测定地表重力的局部分布，然后在地图上将重力相等的各点连接起来，使其成为等重力线，由此种等重力线的变化，即可测知地下矿床的位置所在。

Chapter 26

沉下去的船与海底的压力

让我们再来说说船吧！这里有一个问题，即使有经验的水手也会回答错，那问题是：船在海里沉没时，最后停止在什么地方呢？是不是一定沉到海底？和海的深浅有没有关系？

就常识来说，总以为深处的水受到顶上的水的重压，密度势必增加。海水越深，密度越大，那么到了一定的深处，海水的密度必定和船舶的密度相等。船沉到这个地方后，当然不会再沉下去，因为再沉下去就要碰到密度更大的海水，而被推上来。所以，得到的结论是：沉船会悬浮在一定深度的水中，不一定沉到海底。

　　这个观点似乎十分可信，因为海洋深处的压力是非常巨大的。在十码或三十英尺的深处，水有一个大气压的压力，或者说沉下去的物体每平方英寸的面积上要受到十五磅的压力。在许多地方，海洋的深度有好几英里，太平洋的最深处是在海平面下六英里以上。在这种地方的压力约为一千气压，或对每平方英寸的面积上施七吨的压力。

　　海洋探险家约翰·墨雷曾经用布包了几根两端密封的玻璃管，将它们沉到极深的海底下去。当这个小包再被拉起来的时候，就看见布里有一种像雪花一样的东西。这像雪花一样的东西便是玻璃，因为玻璃受到了巨大的压力，就被压成粉末了。

若将木头沉到很深的水底下去，就会被压得不能再浮到水面上来，因为它的密度已经变得像石头一样了。

还有一个事实可以说明水的压力的巨大。试想象，将一把手枪放在海洋的最深处，譬如说海平面下三万英尺以上。如果现在扳动手枪的开关，会发生什么呢？因为每平方英寸七吨的压力，超过了火药爆发时所产生的气体的压力。这样，那子弹就不能从枪膛中飞出去了。那枪膛也不会爆炸，因为水的压力会阻止它的爆炸。总而言之，那手枪根本打不出子弹。

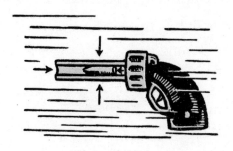

现在再回过来说沉船的问题。最初，在我们看来，好像海洋深处的巨大压力可以使水的密度增加，即使极重的物体也不能沉下去，正像一块铁不能在一盆水银里沉下去一样。其实这个观念是完全错误的。水像所有液体一样，差不多是不能压缩的。所谓不能压缩，意思是说，无论多大的压力，都不能把水压得比它原来的体积小许多。一个标准大气压的压力只能使水的体积缩去两千两百分之一。要想使水的密度像铁，就要有四万四千气压的压力。或者说，要水深二十八英里。然而我们在地球上找不到这样深的一处地方。即使在最深的海洋底下，水的密度也增加不到百分之五。所以，凡是船在海里沉没时，毫无疑问都会沉到海底。

Chapter 27

睡在海面上

但是这种在最深的海中找不到的性质，却能在一个内陆的小海中见到。死海的水的密度很大，没有一个人能沉得下去。它之所以有这样的密度，是由于水中含有过量的盐分。寻常的海水的含盐量约为百分之二或百分之三。但是死海中的水的含盐量却为百分之二十四，其中有四分之一的重量是盐。所以那里的水很重，当你在其中游泳的时候，与其说在水中游泳，倒不如说在水面上游泳更恰当。你可以躺在水面上，叉紧双手，像一个软木塞一样飘浮着。如果你要潜到水底下去，只能没到颊部为止。如果你要仰泳，也觉得非常困难，因为你的脚不能深深地没到水里去。没入水里去的只有你的足跟，所以你不能用脚来打水。

　　病人在洗盐水浴的时候，也是同样的原理。如果盐水极浓，那么他们就觉得没有办法使身体没到水底下去。据说有一个女子生了病，医生送她到澡堂中去洗盐水浴，结果却被盐水推出了浴盆。她非常愤怒，所迁怒的当然是澡堂的主人，而不是物理学上的定律！

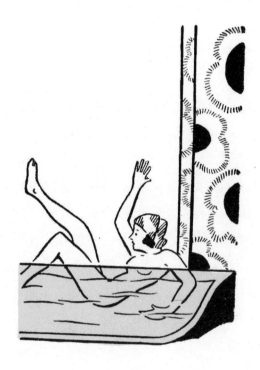

Chapter 28

物体因何而浮?

　　浮体的定律就是所谓的"阿基米德原理",这原理和上面所说的许多奇异的现象都有关系。无论哪种物体,若是沉没在液体中,它的重量就会减轻。这减轻的重量等于被这物体排开的液体的重量,也就是和物体同容积的液体的重量。因此,比同容积的液体轻的物体,都会浮到液体的表面上来。只有当物体排开的同容积的液体的重量,远不及物体自身的重量时,它才会沉到液体下面。你也许要说,物体的上浮大概是由于物体失去了全部的重量,所以不能再沉下去。但实际上并非如此,而是由于液体用一种所谓的浮力来推它向上。这浮力与物体的重量相等,方向相反。物体在这相对的两力之下,就处于平衡状态而浮起来。

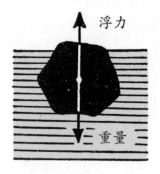

　　一艘轮船浮在各种水中,它切水的深度并不相同。它的切水线在盐水中较低,在淡水中较高。一切巨大的轮船,照例都有一个所谓的"普林沙尔记号"。这记号就表示船载重到最大限度时的切水的深度。借助这记号,我们可以知道当轮船载足了重物浮在各种水中时的切水线所在。这记号的形状如下图所示。当船上装了同样的重物,在冬天的大西洋的寒冷的海水中航行时,因为海水的密度较大,船就浮得高一点儿。当船到了大河口岸有淡水的地方,就浮得低一点儿。

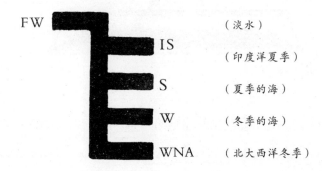

FW　（淡水）
IS　（印度洋夏季）
S　（夏季的海）
W　（冬季的海）
WNA　（北大西洋冬季）

Chapter 29

重了一些, 还是轻了一些?

不熟悉浮体定律的人, 往往会上这样的当: 在天平的两个托盘里放着两个大小相同的桶, 桶里都盛满了水, 但是在一个桶里却浮着一块木头。这两个水桶哪个比较重呢?

对于这个问题, 人们有各种各样的回答。有人说, 有木头的水桶重一点儿, 因为其中除了水, 还多一块木头。但是有人说, 没有木头的那桶水重一点儿, 因为水比木头重。然而实际上这两桶水的重量是一样的。

在有木头的那桶水中, 水的确少了一点儿, 因为木头已占了一定的水的位置。但是被木头排开的水的重量, 依照浮体定律, 却和木头的重量完全相等。所以, 虽然有木头的水桶里的水的重量少了一点儿, 却增加了相等的木头的重量。结果两桶水的重量还是一样的。

这里还有一个关于阿基米德原理的问题。将一杯水放在一个极灵敏的天平上，在杯子旁边放一个鸡蛋，然后准确地记下天平显示的重量。现在如果我们把鸡蛋放在水里，你猜想这天平会发生怎样的变化？

根据阿基米德原理，当鸡蛋放在水里时会变得轻一点儿，所以有人想到这种重量的损失大概可以在天平上看出来。但实际上这损失的重量是看不出来的，那天平没有发生一点儿变化。

这是什么缘故呢？是不是阿基米德原理对于这个现象不适用了？是不是阿基米德原理错了？阿基米德原理是不会错的。错在我们应用得不适当。我们只计算一半，而把另一半忘记了。鸡蛋在水里的确会减轻重量，因为它被下面的水压了上来。但是鸡蛋也用同样的力量把水压下去。作用和反作用的定律，是这样说的。因此，物体埋在水里失去的重量，可以说已经传给水了。

既然杯中的水增加了同样的重量，那么天平上的全部重量就没有发生任何变化了。

Chapter 30

一吨木头比一吨铁重

　　另外，还有一个使人捉摸不透的问题：是一吨木头重呢？还是一吨铁重呢？往往有人不假思索地回答说，一吨铁比一吨木头重。他忘记了一吨总是一吨，同样等于2240磅。除非是美国的重量单位"吨"，那就等于2000磅。

　　也许有人回答说，一吨木头比一吨铁重。这个人的答案好像比第一个人的答案更笨。但是实际上这个荒谬的回答，反而非常准确，理由如下：

　　阿基米德原理不仅对于液体适用，对于气体同样适用。

　　在空气中，物体也会失去一部分的重量，这重量和它所排出的空气的重量相等。因此，一个轻气球或一艘飞艇才能够离开地面而飞到天空中去。因为气球和飞艇的气囊里都有气体——氢或氦——这两种气体比空气轻。所以，要想求出物体的实际重量，我们就应该将它因空气的浮力而失去的重量也计算进去。在木头和铁的情形中，一吨木头的实际重量等于一吨木头的重量，再加上木头所排开的空气的重量；而一吨铁的实际重量等于一吨铁的重量，再加上铁所排开的空气的重量。

但是一吨木头的体积是一吨铁的体积的十六倍。一吨木头的体积约有两立方码，而一吨铁的体积只有八分之一立方码。我们知道空气的重量每立方码约有二又四分之三磅，所以，木头和铁所排开的空气的重量相差约为五又四分之一磅，也就是一吨木头比一吨铁重五又四分之一磅。假使要说得非常精确，我们就应该说在空气中重一吨的木头，实际上要比在空气中重一吨的铁重五又四分之一磅。

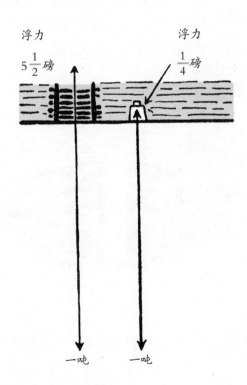

Chapter 31

木柴与铁放到地坑里面是什么样子?

在日常生活中,我们当然不会注意到这种影响。如果我们走到三十英里深的矿穴底下去,那么我们立刻就会注意到这种不同了。

我们入地越深,空气的压力越大,同时密度也越大。实际上每下地面二十六英尺,空气的压力就会增加千分之一。我们用一张对数表就很容易计算在地面下三十英里的压力,必定抵得上地面空气的压力的四百倍。以上所说的这种压缩的空气的密度,必定比寻常的空气的密度还大。照理计算,它的密度约为水的一半,而比木头略大。所以,木头在这种空气中会浮起来。

如果我们将那一吨铁和那一吨木头拿到矿穴底下去,我们立刻就会

看到空气密度的影响了。铁固然失去了一百五十磅的重量，但是它依旧留在地上。但是那木头却像轻气球一样升了上来，因为它的浮力比它的重量大。它会在矿道中继续上升，直到升到它的密度和空气的密度相等的一点才止。

　　然而，在这样的矿穴底下，我们也会感到非常不舒服。那种四百气压的巨大压力会使人不能忍受。人类能长时间忍受而没有伤害的最大压力是三气压，这压力约相当于地面下六英里深处的气压。所以，如果全世界的海洋一旦完全干涸，那么我们人类就正好能够住在它最深的部分。

　　人类的生存区域不但局限于地面下若干深度，而且也局限于地面上若干高度。在地面上一万六千英尺的地方，因为那里的气压很低，会使人窒息，不能够久住下去。我们都知道，当飞行员升空和探险家爬山超过这个高度的时候，就得有吸氧装置。

Chapter 32

地球对穿一个洞，人跌进去会怎么样？

　　地球的内部究竟藏着什么东西？关于这个问题，科学家知道得还很少。即使对于它的内部是固体，还是极热的熔体这种问题，也不能正确地回答出来。有些人认为仅在约一百英里深的固体的地壳底下，就是一团极热的、黏稠的液体。有些人相信地球的中心是密度极大的固体。还有人说，地球的内部全部是固体。谁都不能确定那些学说中哪个是对的。最深的矿入地不过一英里半，最深的地洞入地不过八千英尺。你看着一个直径一码的地球仪就可以知道这样的深度是多么渺小。人类穿入地球中去的深度，不过相当于地球仪外面印着"地图"的那张纸的厚薄罢了。虽然人类花了很大力气，却只在地球表面划了一道小小的疤痕。

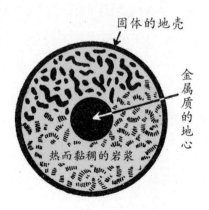

固体的地壳

金属质的地心

热而黏稠的岩浆

假如我们能够像凿井那样在地球的一边穿一个洞，穿过中心，直达地球的另一边，这样我们才能知道它的内部的真实状态。

十八世纪，如数学家莫佩尔蒂（Maupertuis）和哲学家伏尔泰（Voltaire）等学者早就梦想过这样一个没有底的深井。著名的通俗天文学、作家卡米伊·弗拉马利翁（Camille Flammarion）对于这个题目也大加注意。

当然，人类是万不能掘成这样一个洞的。不过我们却可以尽情发挥想象。如果有人跳到这个无底洞里去，将会发生什么呢？

无底的洞

　　他将掉下去，越掉越快。但短时间过后，由空气的抵抗所产生的摩擦力会使他渐渐发热，终至完全烧毁。现在将空气的抵抗力这个问题暂置不论，那么他一直掉下去，将会发生什么呢？

　　他会一直掉下去，越掉越快，但是不会碰到洞底，因为这个洞是没有底的。当他掉到地球的中心的时候，因为没有东西阻挡他，所以他还是一往直前，如飞而过。他的速度极大，差不多每秒达五英里。他的巨大的势头会使他继续前进，但是从他穿过地球中心的一瞬间起，他就不再往下掉了，而是向着地球的另一面往上抛。这时候他的速度当然要逐渐减小，正像一个皮球被抛到空中去一样。但是他到了洞的另一端，并不是就此停止了，他必须要在适当的时间抓住洞口。如果他抓不住洞口就要掉回去，反向将这个奇异的旅行重演一次，回到他出发的地方。如果他第二次依旧来不及抓住洞口而设法跳出这个无底的洞，那就会出现同样的结果。我们由力学的原理知道：无论哪种固体——如果将空气的抵抗力置之不论——都会永远像这样掉来掉去。

　　如果洞的一端的开口在一处高原上，譬如说离海平面约六千英尺以上，而洞的另一端的开口在一处差不多和海平面相距不远的低地上，那么人从高原的一端跳进洞里去，一定会从低地的一端很快地抛出来，像流星似的升入一英里以上的高空中。如果人从低地的一端跳进洞里去，结果并非如此，他将永不能到达高原一端的洞口。

　　如果这两个洞口离海平面的高度是相等的，那么我们就刚好能抓住向上掉的那个人的手，因为他的运动刚好到洞口而止。

　　我们可以由计算推知，像这样从洞的一端掉到另一端，只需四十二分钟。所以，假使从上海出发，四十五分钟内可以到达南美洲的乌拉圭。假使从英国出发，四十五分钟内可以到达新西兰。不但时间经济，而且还不用花费一分钱。可惜的是，这样迅速、便利的交通路线，凭人类的力量是永远建设不起来的。通常要造两英里深的地道就得花费三十年的时间和五十万英镑以上的建筑费。现在要造一个贯穿地球的长隧道，其所需的时间至少要在四千倍以上。

在平直的隧道里行船会发生什么？

要在圆的地球上开一条直隧道，是一个很奇怪的问题。凡是经过或听人家说起过辛普朗隧道（Simplon Tunnel）的人都知道这隧道的中央四时是常湿的。这现象本身没有什么奇怪，奇怪的是不仅在辛普朗隧道里有这个现象，凡是一切直隧道中，水都积聚在隧道的中央部分。因为隧道里不完全通风，所以隧道中的水很难干燥。如果隧道的中央部分比两边低，那么水积聚在那里也没有什么奇怪，可是在完全直的隧道里有此现象，却有一点儿奇怪了。

隧　道

现在，让我们认真地思考一下这个奇怪的问题。试取一条长六十英里的直隧道为例，合于数学上的定义，我们能从一端望到另一端。我们再假设隧道的内部用一种防水的物质来覆盖。

其次，我们还得请老天爷安排好几天连绵的大雨。雨能从隧道的两旁落进去。当骤雨初停，太阳把四周略微晒干以后，我们就去检查隧道里的情形。

水流去了，隧道的入口处完全干燥了。我们向隧道里跑进去，立刻发现那里的地面很潮湿。越往里，地面就越湿，要再向前跑就跑不过去了。因为那里的地面上渐渐有水积聚起来。但是在我们未进入隧道之前，曾经预备了一艘可以折叠的皮船，以防万一。现在我们就把它充满气放在水里，再向前划去。水越来越深了，越靠近隧道的中央部分水平面越高。再进去，我们就不得不弯腰将头垂下一点儿。但是到了隧道的中央部分，连这样的办法也只好放弃。水完全淹没了整个隧道。如果我们从另一端的入口处进去，碰到的情形也和上面所说的完全一样。虽然隧道是直的，但是它的中央部分总是灌满水，并不向两边流出来。

这的确是一个奇迹，但是这个奇迹也不难找到原因。地球是一个圆球，因此它的表面并不是平的，无论在什么地方都有一点儿弯曲。海，骤然看上去好像很平，其实也带有一点儿弯曲，这用眼睛可以看得出来。自由水总向下流，适应着地球的曲面，所以水面上的每滴水离地球的中心都相等。隧道中的水也是这样。但是隧道并不和地球的曲面相合，因为它是直的，而且是数学上的直。所以，隧道中的水就会向上隆起而成为曲面了。

即使在隧道上方的地球表面非常平坦，但对于这直隧道来说，当然会显得隆起而成为拱形。所以，隧道的中央部分总比两边较近于地心。如果我们从地面穿一个洞，一直通到隧道的中央部分，这个洞的深度就很可观。我们会发现隧道的中央部分离地面足有八百英尺。水要积聚在地面的最深处而不会流到较高的洞上去，那是丝毫不会令人诧异的。

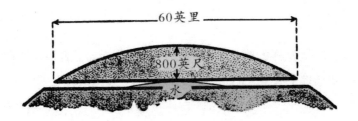

Chapter 34

水的重量是不定的

　　水的重量是怎样的呢? 那要根据它的温度而定。那些曾经在学校中留心物理学功课的人将要这样说。他们的话当然是对的。水在四摄氏度或约三十九华氏度的时候最重。在这个温度下,一立方米的水刚好重一千克,但是这是就水在接近海平面时的情形而说。如果我们把这水带到高山的顶上,那么它的重量就会变得轻一点儿。因为重量是由地心引力而来,所以离地心越远,吸引力就越弱。这种重量的损失很小,即使在最高的山上也不容易通过实验检验出来。毕加得教授曾经乘坐巨大的气球升到五万英尺的高空中,也不曾检验出任何重量的损失。因为五万英尺与人类离地球中心的四千英里相比,相差太大了。

　　如果我们把毕加得教授的直径一百英尺的大气球当作地球，他考察平流层时所到达的高度连两英寸都不到，这样小的距离在地图的比例尺上是不能表示出来的。它与气球相比实在太小了。

　　所以，凡是我们能够到达的高度，在那里所产生的重量损失，是很微小的。不过这损失多少有一点儿。我们以前曾经说过的那种重力天平，很容易将它检验出来。

　　即使水不升到地面以上，它的重量也不一定，要根据它的地理位置而定。一立方英尺的水，在赤道附近要比在北极轻四分之一磅。我们当然不能用普通的天平或磅秤来决定这种重量的差异，因为我们所用的砝码或秤砣的重量也要依同样的比例减轻。所以，我们要想测算出这样的差异，必须用弹簧秤，因为弹簧秤是利用强力来指示出物体的重量的。

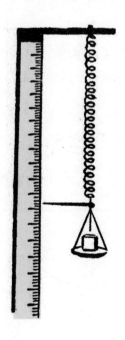

Chapter 35

两极与赤道物体的重量为什么不同?

　　重量在南北极和赤道之所以有令人诧异的差异,原因虽很简单,可是相信这是事实的人却不多。我们大家都知道,地球每二十四小时绕贯穿南北极的地轴旋转一次,它像一个大陀螺,旋转时所产生的离心力总垂直于地轴。在赤道上,这离心力和重力的方向相反,所以能使重量减轻。[1]

　　离心力的大小,一方面与地球旋转的速率有关,另一方面与所在地对地球旋转的轴的垂直距离有关。在两极,离心力几乎没有。因为这里是地轴的所在地,所以这里与地轴的距离为零。赤道处的离心力最强,因为这里与地轴的距离最大,恰为地球直径的一半。

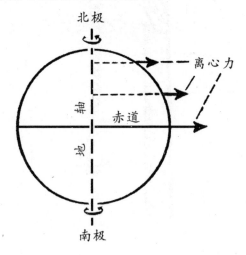

<hr>

1.在这里我们还得补充一下,在赤道的地面比两极较远于地心。因为地球并不完全呈球形,而在两极处稍扁,略像一个橘子。因此,赤道上的重力比两极处略少。

　　离心力在赤道上的强度，对于一立方英尺的水——约重一千英两——约为四英两，所以它能使一立方英尺的水比原来减轻四英两。在我们的纬度上约为三英两，在两极则等于零，这在上面的叙述中已经解释过了。

　　如果一个胖胖的爱斯基摩人重两百磅，那么当他旅行到赤道的时候，就差不多要失去一磅的重量。但是世界上所有嫌自己太重的大胖子，要想旅行到赤道去减轻一点儿重量，却毫无用处。因为他们外出所失去的体重，等到回家后又立即加上了。

Chapter 36

如果地球转得快一些会发生什么?

如果我们想出一个法子,能使地球的转动速度加快,那么物体因离心力而失去的重量就可以很清楚地看出来了。现在,我们试想一下地球的转动速度加快时的情形。

我们知道在赤道上的离心力约为原重量的千分之四。现在让我们来做一个小小的计算。地球每二十四小时自转一次。如果我们能设法使地球的转动速度快十六倍,那么它就能在一个半小时内自转一次。于是一种奇怪的现象发生了:不仅这种速度增加了,同时也使离心力增加到极大,不仅是十六倍,差不多是十六倍的十六倍,即约为二百五十倍。所以千分之四的重量损失,就要变成这个数目的二百五十倍,即一千英两。换句话说,在赤道的离心力,现在差不多和地球的吸引力相等,所以什么东西都没有重量了。

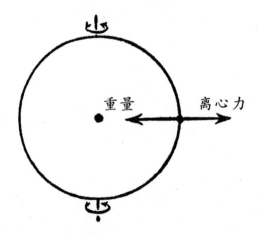

　　这时候，日和夜各只有四十五分钟长。虽然这个时间很短，对于我们却还有一点儿用处。但是这样的时间对于我们在婆罗州和巴西的不幸的同伴来说，却没有一点儿用处了。他们飘来飘去，完全失去了重量，一阵微风会把他们卷到云里去，向各个方向乱飘。如果他们飘到南方或北方，最终就会飘到两极去。

　　但是在我们这个地方，离心力的影响只抵得上赤道的一半，所以重量还是继续存在。那些从赤道的云端里飘过来的人，就会再被地球吸引下来。

　　这样，我们借助空气的帮助就有一种很快且很完美的移民方法——把一切在热带中的棕种人和黑种人，从赤道的天空吹到温带，然后再像雨一样落到地上来。

　　然而这种从外国来的客人，并不觉得我们这世界是舒服的，甚至反而觉得还是在天空中飘浮好。固然，我们的体重还不至于完全消失，但是它的方向不再垂直于地心，它的作用线斜向北方。理由是这样，离心力和重力会组合成一种合力，这合力的方向并不和单独的重力方向一样，还正指着地心。因为离心力的方向并不指着地心，而是垂直于地轴。

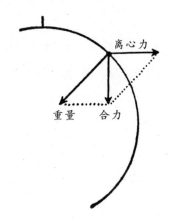

　　所以,要保持我们身体的平衡,必须站得斜一点儿,像一个骑脚踏车的人正在转弯的时候一样,否则就会像有一阵从北方吹来的飓风,使我们站不稳。手脚不大利索的人也很容易爬上一堵朝北砌的墙,像一只苍蝇一样。所有向北去的摩托车都被这股神秘的力所阻止而被推了回去。

　　只有在两极才不会受到巨大的离心力的影响,北极熊继续舒舒服服地在雪堆里踱来踱去,最多不过因看见太阳很快地移过天空而觉得诧异罢了。但是如果它们远离这冰天雪地的北极,而走到别的地方去,那么它们就觉得有一股神秘的力在将它们推向南方。

　　离心力不只作用于人和动物，空气也被大大地扰乱了。没有重量的空气会从赤道上升，结果就在那里造成一种真空，同时附近的空气从北方和南方冲了过来。于是，在赤道上方的天空中就出现了一种可怕的飓风，向南北极吹去。而在赤道下方的地面上也有同样一种可怕的飓风，从南北极向赤道吹来。凡是在地球上的一切东西，若是不固定在地球上，都会被飓风吹走。热带的海会完全干涸而移注于欧洲和澳大利亚，暹罗的象会腾云到莫斯科，巴西的城市会像霹雳一样落在纽约……

　　所以，即使有好方法，我们还得郑重考虑一下地球的转动速度加快这件事情。

　　我们在物理学方面的漫游，讲到这个可怕的景象就此结束。自然法则是自然给我们安排的最适当、最完善的法则，只要略加改变，就会造成一种不幸的灾祸，因为我们能在其中生活的空间太小了。

　　从海平面以下六英里到海平面以上三英里——这就是地球上住有生物的全部空间，也就是可以住生物的全部空间。这个空间与整个像苹果皮的地球相比还要薄，但是在这个高度以上及在这个高度以下，就是生与死的界限！

Appendix

关于理化的学习

——程祥荣

一

　　对于中学生要讲一些关于学习理化的话，首先应当注意中国在理化方面的现状以及中学校的理化教育办到了什么程度。中学校的老师往往这样对校内的学生和校外的参观人说："本校设备简陋，所以不能尽量发挥教学的理想。"这种千篇一律的笼统的话差不多随处可以听到，其实是令人质疑的。学习理化固然必须有待于实验的指示和证明，但在简单的设备之下，只要下点儿工夫，未尝不可以做许多有益于学习的试验。这些随时随地想出来的试验，如果由老师亲手造起来的物理装置，或是由老师采购附近的物产而制造出来的试验品，更能引起学生对于自然的兴趣，而使他们获得新鲜的知识。我觉得在这方面还有努力的余地。其次，现在中学校的理化设备就算有经费可以扩充，也无非依照仪器店的清单选购一批仪器和药品，其实这些东西往往和三四十年前中国初办中等教育的时候差不多是同一格式，同一个内容。所以采办回去之后，还是用最旧的设备来讲二十世纪的新知识，像这样扩充设备是没有意义的。那么，要想扩充设备势必不可专靠仪器店的商品，我想最好是中学校的理化老师联合起来制定一个制造仪器和药品的标准，才可以找到最适当的设备。但是事实上竟没有什么改良和进步，推其原委，实在不能够全部归罪于中学老师的过失。按照中国的现状来讲，大学教育还没有办到近于水平线的程度，学术研究机构仍是没有真正研究学术，至于理化工业的发展也没有达到一定的水平。既然各方面的情形还不完善，当然就使得中学校的理化教育也很难办得好了。

基于上述这种现状，对于中学生的理化学习，就用不到什么高调的议论，我认为只要告诉他们用心把教科书读得明白一点儿就足够了。大多数中学生在上理化课的时候，只是存心要看实验这种好玩的把戏，至于为什么要试验的道理以及由试验而证明的原理，却完全漠不关心。若在下课以后，对于书本置之不理，那么即使学校中有资深的老师和充足的实验设备，也是学不好的。所以，提倡用心去读教科书这个办法，无论如何都是必要的。如何才能把教科书读明白呢？第一，必须认清学习理化的目标；第二，必须理解理化的对象、研究方法和目的。凡是学习一门科目必定要有一个目标，譬如学习英文的目标在于能够读、写、讲；而学习理化的目标在于能够理解自然的现象及其应用。如果能够理解理化的对象、研究方法和目的，那么就可以知道读书的门径，不会散漫得毫无头绪了。关于这几点，且把我个人的见解写在下面，或许可以供大家参考。

二

物理学是研究自然现象的学问，但其研究重心在于"能"（Energy）。所谓"能"，譬如力、光、热、磁、电等，是可以观测的，也是有数量可以计算的。所以，物理学的研究方法注重于"测量"（Measurement），测量的时候需要各种工具。这种测量工具当然是愈精确愈好，并且同时要有一定的"单位"（Unit），才可以把观测的结果用数字精确地表示出来。由此关于"能"的因果关系，以建立为"物理的法则"（Physical Law），这是物理学的目的。根据"法则"所规定的原理，就能够制造出种种适合于实用的机器，这是物理学的应用。换句话说，物理学成立的顺序首先是设立"单位"，然后用种种精确的测量工具观测自然现象中属于"能"的变化——即所谓的"物理的变化"（Physical change），而发现普遍的因果法则。许多法则和法则的应用积集起来就是全部物理学。所以，在中学物理教科书中所记载的事项，其范围亦必不出于此。对于学习者首先最应当留心的就是"单位"吧！

关于初步物理学上最主要的单位可列举如下：

(1) 长度单位

(2) 质量单位

(3) 时间单位

(4) 力的单位

(5) 功的单位

(6) 功率的单位

(7) 气压的单位

(8) 温度的单位

(9) 热量的单位

(10) 电磁的单位

(11) 电磁强度的单位

(12) 电流的单位

(13) 电阻的单位

以上所列举的这些单位都是很简单的，我想读过初中教科书的学生一定可以理解其意义及标准。不过理解必须透彻，譬如，时间的单位是"秒"，六十秒为一分钟，六十分钟为一小时，二十四小时为一昼夜，这是大家都知道的常识。但是一秒钟空间是多长时间呢？换句话说，"秒"这个单位所取的标准是怎么样的？若没有明白这个标准，就是没有透彻理解。通常所谓的"一昼夜"就是指太阳连续两次通过子午线所经过的时间，也就是地球在公转的轨道上每自转一次所需的时间，但是这个自转一次的时间并不一定相等，譬如在阳历二月中的一昼夜要多十几分钟，等到冬季十一月中的一昼夜又要少十几分钟。在一年之中仅有春分、秋分、夏至、冬至是标准的二十四小时。所以，科学上就把一年中所有长短不同的昼夜平均计算起来，叫作平太阳日。"秒"这个单位就等于一个平太阳日的 $\frac{1}{24 \times 60 \times 60} = \frac{1}{86400}$。关于其他各种单位的话无须多讲，只要各位中学生翻开教科书来作参考，试做一篇解释物理单位的练习文，文内要列举各种单位的意义和标准以及相互间的关系，我想大家一定可以获得科学的兴趣，并且可以顺便把许多基础概念弄得很清楚。请诸位不妨试试看，至于还没有学过物理的初中生当然应该在学习时特别注意，那就会很有头绪了。

其次，关于"观测"这件事本身也应当要彻底理解它的意义和限度。"观测"就是观察和测量，当然要在日光或灯光下，即有光线的地方才可以观测。如果在黑暗中，什么都看不见，那就什么都不能观测了。所以，观测的唯一条件是要有光线照射。严格地讲，一切由观测所得到的知识都是我们在光线下的目力所及。至于物体本身和现象的成因，我们是不知道的，也就是不能够知道的了。佛家语录中有下列一段文字，可以当作说明：

"近观山色，苍然其青焉，如蓝也；远观山色，郁然其翠焉，如蓝之成靛也。山之色果变乎？山色如故，而目力有长短也。自近而渐远焉，青易为翠；自远而渐近焉，翠易为青。是则青以缘会而青，翠以缘会而翠，非唯翠之为幻，而青亦幻也。盖万法皆如是矣！"

　　这里所谓的"幻"就是感觉，所谓的"法"就是指一切知识而言，"所知"不过是"能知者"的感觉世界。物理学上的一切"法则"都是由观测推论出来的，观测既不外乎感觉，故物理的世界亦即感觉的世界而已。既然观测的意义如上，而观测尚有两重限度，一为测量工具的限度，一为感觉本身的限度。什么叫作测量工具的限度？譬如天平（Balance）是测量质量（Mass）大小的工具，但寻常很精巧的天平只能测量出一克的万分之一。还有一种新近发明的微量天平（Microbalance）可以测量到一克的千万分之一，超过以上的微小质量就测量不出来了，这是天平的观测限度。其他各种测量工具当然都有一定范围的限度，像天平这种工具要算最精确的了。还有许多粗糙的工具，譬如尺只可量分[1]，秤只能称钱[2]。它们的测量限度就更狭小了。什么叫作感觉本身的限度呢？心理学上告诉我们，可以感觉到的刺激有一定的范围，若是超出这个范围以外的刺激就不能够产生感觉的反应，这个范围叫作感觉阈限。所以，一切感觉都有一个限度。再就物理现象上讲，譬如光是一种波动，各色光都有一定的波长（wave length），赤色光的波长是0.000076厘，紫色光的波长是0.00004厘。凡波长在此极大和极小之间都是可以被看见的，若超出这个范围就看不见了。所以，视觉是有这个限度的。视觉要算感官中最灵敏的，其他感官当然也有限度。学习者明白了这两重限度之后，就可以知道科学决不是万能的，科学不过在人人可以感觉得到的范围以内，用最精巧的工具从事观测而已。

　　物理学由观测所得的结果而推论普通的自然法则（Natural Law），以其为研究目的。那么，关于种种法则的内容，学习者当然要充分理解才对。所谓理解并不是要大家死记硬背书本上的知识，我觉得首先要放远

1.长度单位，寸的十分之一。
2.在公制重量单位中，一公斤的十分之一为一公两，一公两的十分之一为一公钱；在市制重量单位中，以前是一市斤的十六分之一（现代汉语是十分之一）为市两，一市两的十分之一为一市钱。

目光从根本上看看所谓的法则究竟是怎么一回事，然后对于已经成立的法则不但能理解、记忆，而且还能够时时保持浓厚的兴趣和真挚的探索自然的精神，我认为这是学习科学的人们最应当采取的态度。一切自然现象都有因果关系：气象上风雨寒暑的变化是由于太阳、地球、大气以及种种关系而产生的结果，这不必说了。日常生活中的一灯一火能够发光生热，也都有原因或来历，决不是凭空产生的。不过自然现象中的因果关系都是很复杂的，譬如一个原因可以引起很多结果，一种结果往往是由于许多原因，许多原因和结果又要互相发生关系而成为种种现象。所以，要弄清楚这种复杂的因果关系，实在是千头万绪，决不容易。但是物理学上却用最扼要的方法，把一切自然现象抽出一个所谓"能"的因子，又由其性质而将"能"分为"力""声""光""热"及"电磁"，而且还把"声"以后的各种"能"都用"力"来解释。譬如，把"声"解释为在介质中力的振动波，把光当作有一定振动数的波动，把热的来历推论于摩擦或辐射，把电磁现象用电磁场中力的关系说明。所以，物理学通常可以叫作广义的"力学"。根据上述这几种解释，就可以从复杂的自然现象中发现比较简单的因果关系。这种关系又可以用精确的数字来表示，而且所表示的内容是很统括的，故能称作普遍的法则。例如，力学上有所谓的牛顿第二运动定律，具体内容是：

物体加速度的大小跟作用力成正比，跟物体的质量成反比，且与物体质量的倒数成正比。加速度的方向跟作用力的方向相同。

这是一个关于力的普遍法则，设物体的质量为m，作用于该物体上的力为F，由此引起的加速度为a，且用C.G.S.制单位来测量。那么，就可以依照下式表示：

$$F = m \cdot a$$

上式所表示的法则是说明关于力的因果关系，F是原因，a是由F所产生的结果，那么m是什么呢？通常原因和结果之间必定有一个媒介才能构成必然的联系，这个媒介可以叫作缘。在自然现象中，一种原因可以引起种种结果，这是因为该原因所作用的缘可以有种种缘故。倘若所作用的缘是确定的，那么可以产生的结果就只有一种。上式中的物体质量m就是缘，于是作用于m的F只可产生a这个结果。所以，上式所表示的法则是力和加速度之间必然的因果关系。物理学上的一切法则都在阐明普遍且必然的因果关系，这是一切法则的根本性质，也就是法则对于探究真理有价值的地方。

由普遍的法则就可以产生特殊的实用，譬如电学中的欧姆定律（Ohm's Law）中说：

在同一电路中，通过某段导体的电流跟这段导体两端的电压成正比，跟这段导体的电阻成反比。

设电流用I表示，电压用U表示，电阻用R表示，则 $I = \dfrac{U}{R}$。

这个法则是说明电压和电流强度之间必然的因果关系。由此可知，若由一定的电压，而使电路中有一定强度的电流，那么就必须减少导线的电阻。所以，在实际生活中也就知道了应该采用电阻比较小的铜来制造电线。这种关于发电机送电的常识，差不多是人人都知道的，可是我曾经听过一桩事实，就是浙江省某城市初办电灯厂的时候，是由一个多年当电气职工而得名的人去办的，他自作聪明，竟用了电阻比铜大六倍的铁丝来作送电的导线，结果当然是丧失了资本和信用。我想如果他对于物理真有理解，决不会犯这样低级的错误而失败了。

三

化学也是研究自然现象的学科，但其研究重心在于"物质"（Substance）。凡物质皆有固定的性质，从性质的差异就能区分物质的种类，依据性质的差异就可以分析出某物质的来历以及物质间的相互关系。所以，化学的研究方法最注重"分析"（Analysis）。我想学习化学的人首先应当注意怎样识别物质的种类，那么就可以知道虽然物质的种类很多，但是倘若运用分析法就能够将一切自然界的物质分为下列各类：

第一类　具有单纯性质的物质，即纯粹物质

（a）单体

化学上把它叫作"元素"（Element），例如氧、碳、金等。

（b）复体

化学上把它叫作"化合物"（Compound），例如食盐、蔗糖等。

第二类　具有非单纯性质的物质，即夹杂物质

（c）溶体

化学上把它叫作"溶液"（Solution），例如海水等。

（d）混合体

化学上把它叫作"混合物"（Mixture），例如空气、岩石等。

一般来说，天然的物质都是夹杂的物质，所以每种天然物能分出好几种纯粹物质的化合物。因为化合物是复体，所以每种化合物又能分出两种以上的元素，譬如天然的海水是淡水和食盐等夹杂物质，所以就能够分

出纯粹的水、食盐，以及其他化合物。水可以分出氢、氧两种元素。至于食盐也可以分出氯、钠两种元素。现将上述关系列于下：

$$天然物 \xrightarrow{\text{分析}} 若干种化合物 \xrightarrow{\text{分析}} 元素$$

例如：

$$
海水
\begin{cases}
(1)\ 水
\begin{cases}
氢 \\
氧
\end{cases} \\
\\
(2)\ 食盐
\begin{cases}
氯 \\
钠
\end{cases} \\
\\
(3)\ 其他化合物\cdots\cdots
\end{cases}
$$

上面所讲的物质之间的系统是简明扼要的，不过学习者还应当知道天然物的种类是很多的，但是许多不同的天然物往往含有共通的化合物，例如海水、湖水、井水，以及岩盐等天然物，都是含有食盐的。所以，化合物的种类当然比天然物少多了。元素的种类比化合物还要少，这是因为许多不同种类的化合物往往可以分出共通的元素，例如氧元素不止是水的成分，其他岩石、泥沙，以及酒、醋、糖等都可以分出氧元素来。所以，元素的种类当然是最少的了。现在化学上差不多已经把一切天然物都详细分析过了，目前共有118种元素被发现，其中94种存在于地球上。通常可以遇到的元素还不止四十种，在矿物界的成分中氧、硅两元素占地壳总量的四分之三。若在生物界，则无论什么物质都是含有碳元素的。由上述可知，用"分析法"能够从复杂的天然物中，分出少数、简单的元素，为研究物质的基础，这是化学在学问上很显著的特色。关于这点，当然是学习者应当注意的地方了。许多学习化学的人对于各种元素的记载往往觉得麻烦，这是错误的。要知道宇宙之大，其间所存在的物质是何等繁多，但是科学上竟能够由精密的实验发现一切物质的来历只不过几十种元素，难道这样还能说是麻烦吗？

既然化学上已经知道物质的组成，还要更进一步从事于研究物质相互间的变化，这种变化就叫作"化学反应"（Chemical Reaction）。研究化学反应是化学这个学科的目的，所以是很重要的。通常一种化学反应中都包含两层意义，一为物质变化间的性质的关系，二为量的关系。譬如，硫磺在空气中燃烧的化学反应，第一要明白硫磺和空气中的氧互相化合而生成二氧化硫这种臭的气体，这是该反应的性质的关系；第二要知道多少硫磺和多少氧化合而生成多少二氧化硫，这就是数量的关系。试想，自然界中各种物质间的变化是何等繁多，假如对于研究所得的结果并没有统一的方法记载，那么真是混乱极了！所以，化学上就规定一种很系统的记载法，这个方法就是"化学方程式"（Chemical Equation）。例如，二氧化硫的生成反应和三氧化硫以及硫酸的制造法，都可以用化学方程式来记载，而表示相互间的性质及数量的关系如下：

（1）$2S + 2O_2 = 2SO_2$

硫磺64克　氧64克　二氧化硫128克

（2）$2SO_2 + O_2 = 2SO_3$

氧32克　三氧化硫160克

（3）$2SO_3 + 2H_2O = 2H_2SO_4$

水36克　硫酸196克

关于这种化学符号和化学方程式，通常学习化学的人应当很注重。倘若先去理解它们的原理，那么就可以明白它们的意义和用途。这类原理在教科书上说得很详细，现把其中最重要的"分子原子学说"提出来谈一谈。分子和原子都是极微小的粒子，即用超等显微镜也看不见，所以是一种假定。那么，化学上为什么偏要去假定这种看不见的东西呢？这是有原因的，我们曾经讲过物理学为测量"能"的变化而需要测量单位。现在，化学上为观察"物质"的性质也需要一种观察单位，所谓的分子和原子就是表示物质的性质的单位。譬如，水的分子具有水的一切性质而为水的最小限度的微粒，至于通常所看见的一杯水或一滴水，只是许多水的分子的集合体而已。其次，关于水的分子的组成，凡是水都可以分出氢、氧两种气体，所以水的分子必定由氢、氧两种微粒结合而来，该微粒就叫作氢、氧的原子。物质都有质量，若物质不同，其密度也不同。所以，物质的每个分子以及组成该分子的各个原子都是有一定质量的，此种质量就叫作分子量和原子量。分子和原子都是极微小的粒子，所以分子的质量和原子的质量当然是微小到了极点，而不能实际测量。但是物质有一定的密度，所以各种分子和原子的质量大小的比例是可以求出来的，譬如，氧的原子质量要比氢的原子质量大十六倍（严格地讲是 1.008：16），这类质量大小的比例就是化学书上所说的分子量和原子量了。

现在化学上已经知道的化合物共有几十万种，与此同时就有几十万种不同的分子，但是从化合物中分离出来的元素大都是彼此共通的，所以只知道一百多种不同的元素，也就是组成各种分子的原子只不过这些而已。通常用罗马字母来表示各种原子，例如，O表示氧（Oxygen）的一个原子，H表示氢（Hydrogen）的一个原子，C表示碳（Carbon）的原子等。物质的分子是由原子组成的，所以由若干个原子的符号拼合起来就表示分子的符号，这叫作分子式。例如，水的分子式是 H_2O，二氧化碳的分子式是 CO_2。假如有一种新发现的物质，我们想知道它的分子式，那么必须经过下列两个实验：（一）元素分析（Element Analysis）；（二）分子量测定（Measurement of Molecular Weight），然后才可以推定该物质的分子式。例如，葡萄糖的元素分析的结果是——

碳　40%　氢　6.67%　氧　53.33%

又将其分子量测定为180.096，然后就可以推定葡萄糖的分子式。已知碳、氢、氧的原子量为：C=12，H=1.008，O=16，故葡萄糖分子内所含有的各原子数，可得如下的简比：$\frac{40}{12}:\frac{6.67}{1.008}:\frac{52.33}{16}=1:2:1$，即葡萄糖分子内至少含有一个碳原子、两个氢原子和一个氧原子，但是葡萄糖的分子量却为其六倍 $[即180.096-(C+2H+O)\times6]$，所以该分子式为 $C_6H_{12}O_6$。看了上面求分子式的步骤，大家发现其实并不难推出分子式。倘若已经知道一种物质的分子式，那么该物质的元素组成和分子量就能一目了然。

化学反应大概是由实验上已知的数据，而用化学方程式去记载得来的，例如，由实验得知"氢在氧中燃烧生水"的一切定性和定量数据（Qualitative and Quantitative Data），然后才可以把它们的化学反应记载为：

$2H_2+O_2=H_2O$

但是也有少数化学反应是暂时假定的，例如，植物的碳素同化作用（Assimilation of carbon），马丁努斯·威廉·拜耶林克（Martinus Willem Beijerinck）曾假定为下列化学反应：

$CO_2+H_2O\rightarrow H\cdot CHO+O_2$

$6H\cdot CHO\rightarrow C_6H_{12}O_6$

即植物吸收二氧化碳而吐出氧气。虽然构成植物体内的碳水化合物都是数据，但二氧化碳是否首先还原为甲醛，却不过假设如此而已。总之，一切科学的发展都是由假说和实证互相扶助而推进的，那么化学当然也是这样的，大家在学习的时候应当留心大胆的假说——例如分子原子说——以及精密的实验——例如分析法才是真正的理解。

化学的目的是研究各种物质的化学反应，至于化学的应用即在于利用已知的化学反应。化学反应在形式上可以分为化合、分解及复分解。而由其作用又可分为氧化、还原、中和、加水分解、电解等等。所以，关于化学工业，若用简单的话来讲，就是利用这许多种类的化学反应，使它们适用于实用品的制造。在中学的化学书上可以注意的应用问题，大概是制酸、制碱、人造肥料、硅酸工业、冶金术、油漆、染料，以及有机、无机药品的制造法等重要的工业能。

四

以上把物理课本和化学课本中应当注意的地方大致都讲过了。现在想要谈谈"研究"和"学习"的区别。近来许多人总喜欢提起"研究"这个词，其实像物理、化学这类自然科学的研究是很不容易的，尤其是在中学校里的人只要能把书本上的知识弄明白，我想已经是近于理想了。读书，做书本上的实验，这都是学习的方法，决不是研究。摆在书架上的整部外国书恐怕大多数是一九〇几年的出版物，这类书固然很有价值，但是翻开书来看，只是读书而已，哪里可以说是研究呢？世界的学术界是很发达的，所以关于理化方面的研究，各国都有许多专门的学会、组织，由各学会按期发行杂志以登载认为有价值的研究报告。若要说研究，第一步就应当多读最近发行的杂志，可是中国有名的大学往往还没有备齐这类主要的杂志，何况是中学校，何况是个人，哪里能够订阅几份专门的杂志呢？那么，对于世界学术进步的近况，简直是懵然，又何从说起研究呢？也许有人说研究应当具有独创力，未必要参考外国的研究报告，在十七八世纪或容许如此，现在是二十世纪最需要分工合作的时代，无论如何，决没有这样妄自尊大的研究家。其次，关于研究的设备和工作，要研究理化上面的问题，最不可缺少的是量的测量（Quantitation measurement）。所以，就需要用测量的器械，此等器械中精良者价格甚贵，固非寻常学校所能购备，但简略者亦有一定用处，不过应当时时试验其灵敏度（Sensibility），并留意于调整（Adjustment）。譬如，倘若用很简单的天平测量物质的质量，在调整得最良好的条件下，可以有百分之一克的灵敏度。那么，在这个范围之内，也可以做种种研究的工作。然而许多中学校的实验室里，天平的台子往往动摇不定，甚至将仪器搁到架子上去，这种情形和研究的用意是绝对矛盾的。关于天平，使我联想到近来曾经参观过某处公家所办的试验所，那里有各种试验室，又有整理得一尘不染的药品和器械的贮藏室，但是几架天平都已经上锈了，而且安置的台子也很简陋，专门的试验遗忘了实际的研究工作，何况是中学校。所以，我觉得在中学校，对于物理和化学现在谈不到研究，只要对于学习能够用心就可以了。

五

最后，关于学习理化的出路问题也有一些建议。

中学校的理化课程大概是为了要使学生具备正确的常识从而养成独立判断的习惯，同时也含有预备升学的意思。升学以后，倘若专门学习物理或化学，或是与理化有关的工科，那么将来就应当从事学理研究或技术应用的工作，但是事实上诸位中学生的先辈大都没有达到所学合乎所用的目的。虽然他们已经从大学毕业，可是在社会上的工作情形，有的竟是抛弃了已经修得的技能。即使名义上是在研究所或工厂里做事，却丝毫不能发挥自己的才能。我有一位朋友，他在中学校的成绩很好，后来升学到北方很有名的工科大学，大学毕业后又到美国留学，考试名列前茅，真算得上异常优秀的分子了。近来，他在某处建设机关担任技师，像这种人，中学生们一定很羡慕吧？可是他本人告诉我在中国当技师并不要技能，不过每天签名报到，只坐办公室八九个小时而已，所以他很失望，只好把书本丢开，渐渐遗忘了研究学问的技能。还有一位朋友，他从大学化学专业毕业以后，曾在中学校里当老师，学生和学校当局都很尊敬他，但是他本人觉得很空虚，所以另筹学费跑到国外去研究专门的问题，他说决不是为了头衔，学科学而不能从事研究，宁可死！他这种精神使我非常感服，但是我想当他过几年从国外回来的时候，中国的环境是否能够改善，中国的社会是否已经预备好可以安心于学术的研究，这却是个疑问了。像这类专门学习理化之后悲观的事实确实多得不可胜写，不过我的意思并不是因此劝告中学生在升学的时候不要去学习理化。倘若志望于专门学习理化，必须具有巨大的勇气和坚定的决心，而且还要觉悟到无论遇到任何困难，仍应贯彻研究的精神，那么你的升学才有意义，将来对于中国的理化界才能有所贡献。

至于中学校里学习理化的目的是在于获得正确的常识以及修得科学的判断力，这对于任何人来说都是必要的，可以用不着去想出路，也是和出路没有多大关系的。